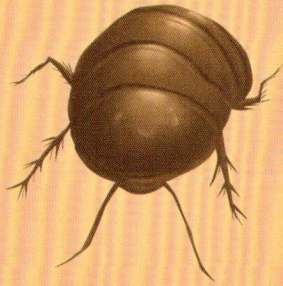
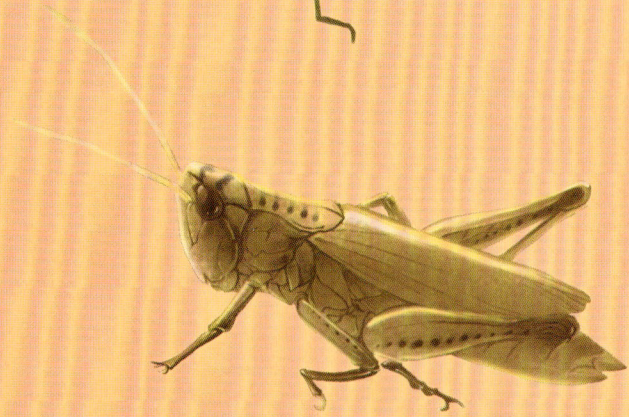

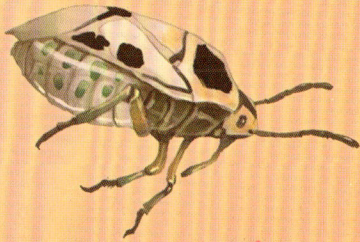

聪颖宝贝科普馆

KUNCHONG SHIJIE

昆虫世界

段依萍◎编著

辽宁美术出版社

图书在版编目（CIP）数据

聪颖宝贝科普馆.昆虫世界 / 段依萍编著. —沈阳：
辽宁美术出版社，2020.8
ISBN 978-7-5314-8813-2

Ⅰ.①聪… Ⅱ.①段… Ⅲ.①科学知识—学前教育—
教学参考资料 Ⅳ.①G613.3

中国版本图书馆 CIP 数据核字(2020)第 147645 号

出 版 者：辽宁美术出版社
地　　 址：沈阳市和平区民族北街 29 号　　邮编：110001
发 行 者：辽宁美术出版社
印 刷 者：北京市松源印刷有限公司
开　　 本：889mm×1194mm　1/16
印　　 张：6
字　　 数：40 千字
出版时间：2020 年 8 月第 1 版
印刷时间：2023 年 4 月第 2 次印刷
责任编辑：严　赫
装帧设计：宋双成
责任校对：郝　刚
书　　 号：ISBN 978-7-5314-8813-2
定　　 价：88.00 元

邮购部电话：024-83833008
E-mail：lnmscbs@163.com
http://www.lnmscbs.cn
图书如有印装质量问题请与出版部联系调换
出版部电话：024-23835227

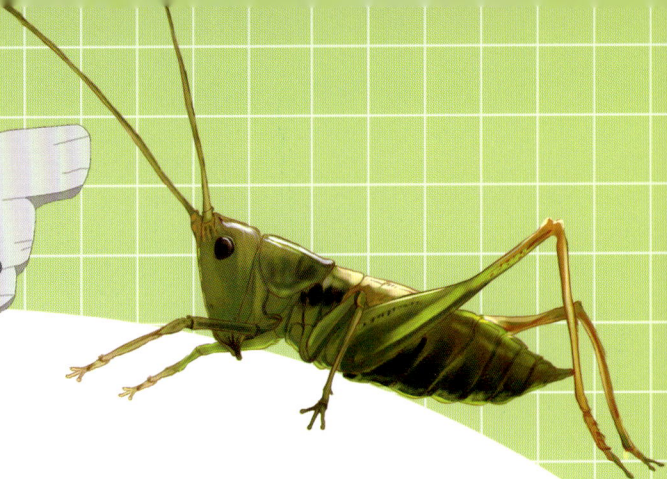

前言
FOREWORD

　　昆虫是地球上迄今为止数量最多、种类最丰富、最奇妙的生物群体之一。昆虫的种类繁多，有披甲的、飞行的、打洞的、寄生的……它们当中有的喜欢群居，有的喜欢独居。

　　你想了解它们吗？那就快来《昆虫世界》寻找答案吧！在这里，你会见到不停叩头的叩头虫，身体会发光的萤火虫，辛勤劳动不知疲倦的蜜蜂，忙着构建精美巢穴的蚂蚁，以及看见火就会奋不顾身扑过去的飞蛾……

　　《昆虫世界》以童趣的语言和可爱的卡通昆虫形象，将生涩的昆虫科学知识变得简单、易懂、有趣味性，为孩子们开启一场奇妙的昆虫世界之旅。

编　者

目录
CONTENTS

目录
CONTENTS

高产的蚕

蚕宝宝不仅身体雪白可爱，本领也很让人惊讶。我们身上漂亮的衣服很多是由蚕丝做成的，而蚕丝就是靠蚕宝宝吃桑叶再吐出来的。

蚕卵孵化后，幼虫大概长 2 毫米，宽 0.5 毫米，身体是褐色或者是黑色的，体型细小，有很多毛，长得有点像蚂蚁，因此又被叫作蚁蚕。蚁蚕经过两三个小时就可以吃桑叶了。

"短命"的蚕蛾

虽然蚕蛾的形状类似蝴蝶，但它却不会飞翔。雌蛾身体较大，爬得慢，雄蛾则与之相反。一般蚕蛾交尾三四个小时后，雌蛾就会产卵，大概一个晚上可以产出四五百粒卵。雌蛾产卵后便会慢慢死去，而雄蛾则在交尾后立即死亡。

生长迅速的蚕卵

蚕的卵十分"迷你"，宽度约为 1 毫米，厚度只有宽度的一半，看起来如同一粒芝麻。蚕蛾拥有强大的繁殖能力，一只蚕蛾妈妈可以产出的蚕卵数量在 400—500 粒之间。刚产下的蚕卵是淡黄色的，一两天之后会变成单赤豆色。再经过三四天就会变成灰绿色或者紫色，这是蚕卵的固定色，之后便不再变色。

小档案

别称：娘仔、蚕宝宝

科名：蚕蛾科

特征：蚕蛾和蝴蝶很像，身上长满白色的鳞毛，小球状的头部，复眼凸出，有触角

分布：热带、亚热带及温带地区

食物：桑树叶、生菜叶、榆树叶、楮叶、蒲公英

科名：蝇科
特征：很短的触角，部分苍蝇末节反面长着一根像羽毛一样的刚毛，部分苍蝇末节尾部有节鞭，两只复眼，三只单眼
分布：全世界
食物：人的食物、各种垃圾、植物的液汁等

身体"健康"的苍蝇

苍蝇的生存能力极强，繁殖量也很大，还会到处传播疾病，因此苍蝇被称为"四害"之一，人们对它感到厌恶却又无可奈何。

体操能手

苍蝇有两对翅膀，一对可以用来运动飞翔，另一对则已经退化作为平衡器，能让它在飞行中保持平衡。在苍蝇的前脚上，长着可以紧紧吸住物体的吸盘，这能帮助苍蝇倒挂在天花板上。

分解大师

虽然在生活中苍蝇让人觉得讨厌，但是它们的幼虫却可以分解垃圾，也可以被当作饲料使用。活的幼虫甚至还有医学价值，将它接种在人们的伤口中，有杀菌清创的奇效。

呕吐进食

蝇蛆是苍蝇的幼虫，它们最喜欢的东西就是垃圾、粪便、腐烂的动物以及变质的植物等，所以苍蝇一般生活在肮脏发臭的环境中，而且越是在脏乱差的环境中，苍蝇的数量越多。

苍蝇在吃东西之前会吐出嗉囊液，食物被嗉囊液溶解之后苍蝇才会吸收。但苍蝇体内的病原体会随着嗉囊液一起被吐出来，人们要是吃了被苍蝇吐了嗉囊液的食物就有可能会生病。不过苍蝇体内的消化道不适合细菌生活，因此苍蝇本身是无法生病的。

"扰人心弦"的蝉

在夏天，我们经常会听到"知了知了"的叫声，发出这种声音的昆虫学名被称为蝉。

小档案

别称:知了猴、知了、爬权、知拇吖、蛣蟟龟

科名:蝉科

特征:有两对形状基本相同的膜翅，又宽又短的头部，额唇基明显向外突出，复眼不大

分布:温带及热带地区

食物:植物根部汁液

蝉是害虫

蝉幼虫靠吸食植物根部的汁液维系生命,成虫靠吸食树汁和树浆为食。这样会削弱树势,影响树木生长,对树木有害。

昆虫音乐家

蝉被称为"昆虫音乐家",它的叫声响亮且独具特色。不过能够唱歌的蝉都是雄性,因为雄蝉有两个叫作"音盖"的圆片长在肚皮上,它的作用是可以将声音放大。雄蝉音盖的内侧还有一层透明的瓣膜,瓣膜震动产生声音。而雌蝉不会叫,就是因为它既没有音盖,也没有瓣膜。

不同的蝉发出的声音也不同。天气变幻,则蝉会发出嘹亮的叫声;想要吸引异性,声音就变得温柔;害怕时,发出的声音十分尖锐刺耳。

生活在地下

蝉的幼虫叫作"蛹",它们会在地下生活 2 年甚至十几年。在地下生活时,它们把树根的汁液作为粮食,并且累积力量。当它们认为自己有了足够的能量时,便会从地下钻出来 。

"臭味大王"椿象

如果人类触碰到椿象，那么它就会散发出很难闻的臭味。椿象的种类高达3万多种，体型各异，并且大部分都是害虫。

外形特征

椿象一般以黑褐色为主,身上会有橙黄色或者橙褐色的纹路,肚子上有很多黄色的斑点。椿象发育最好的便是后足。它们还有一个尖尖的刺吸式口器,用以刺破植物的表皮来吸食汁液。

臭味大王

椿象身体内有一种很特别的臭腺,长在后胸腹附近,但臭味却从胸部发出。当椿象被敌人攻击或者受到惊吓的时候,臭腺便会散发出可以挥发的臭虫酸,让四周弥漫着臭味。但是这股气味没有进攻性,仅仅类似"烟雾弹",在威胁者闻到臭味不敢继续进攻的时候,椿象便找机会逃跑。

名声不好

每年6月中旬到7月中旬,椿象便会泛滥成灾。它们喜欢在棉花田中产卵,喜欢高温多雨的气候。它们会危害果树,让果实失去食用价值;以植物汁液果腹,会让城市的绿化效果变得不那么喜人。

小档案

别称:屎屁虫、臭虫、臭大姐

科名:蝽科

特征:上翅具有膜质,呈深褐色,部分腹部露在外面,每节都有小斑点,是橙色的

分布:亚洲、中美洲

食物:瓜类汁液

11

别称：土鳖、土元、转屎虫、地鳖虫、土肥元、过街
科名：地鳖蠊科
特征：扁平的身体呈椭圆形，背面颜色渐深，
从赤褐色到褐色，有隆起的背部
分布：全国大部分地区
食物：米糠、碎杂粮、玉米面、杂鱼、瓜果

"不见天"地鳖

地鳖生活在松土中，生活环境潮湿、阴暗，但周围有大量的腐殖质。

🖊 生活环境

地鳖不喜欢阳光，只在晚上才出来活动，白天都躲在巢穴中。28—30℃之间是地鳖最喜欢的温度，温度到达冰点以下或者高温超过38℃，大部分地鳖会死亡。如果温度不到 10℃，它也会休眠，不再活动。地鳖还有着非常高的药用价值。

🖊 外形似"三角"

地鳖一般长 1.3—3 厘米，宽 1.2—2.4 厘米，呈现出前窄后宽的样子。它们的身体很有光泽，背部颜色多为紫褐色，腹部则是红棕色的。头部有一堆丝状的小触角，胸部有三对脚且长满了细毛和小刺。

🖊 繁衍后代

雌雄地鳖交尾后，雄性会在 5—7 天内死亡，而雌性地鳖则在一周后产卵，并且是一次交尾后可以终生产卵。幼虫需要八个月的时间才能长出翅膀，不过雌性的地鳖是没有翅膀的。雄性地鳖的翅膀长出来之后，距离其完全成熟仍需要三四个季度的时间。

喜欢"唱歌"的蝈斯

蝈斯,也就是我国北部地区所说的蝈蝈,身体长度不超过 5 厘米,在鸣虫当中属于"大个子"。

求生欲望强

雄性蝈斯可以发出声音,雌性没办法发出声音,但是能够听见雄性的呼唤。雄性蝈斯一般蜕皮 3—10 天后开始鸣叫,它们最大的特点便是善于鸣叫,且鸣叫声各异。蝈斯非常善于跳跃,很难被捕捉到。但若是被捉住了一条腿,蝈斯会毫不犹豫地断腿逃跑。

弹跳能力强

　　螽斯和蝗虫的样子十分相像,但认真观察,可以看出蝗虫的身体更加坚硬。螽斯长着细且长的触角,而蝗虫的触角则是粗短的,与螽斯相反。

　　雄性螽斯的翅脉接近网状,是黄褐色的,长度达到 8 厘米。螽斯的后腿长且大,非常有力,弹性也很强,可以跳出去很远。

小档案

别称:螽斯儿、纺花娘、蝈蝈
科名:螽斯科
特征:下口式的头部,触角比身体还长,有一对
　　　　复眼,单眼不太明显
分布:热带和亚热带地区
食物:禾本科、蕨类植物

"热血"的独角仙

在南方，人们会经常见到独角仙，它是一种长相很特别的昆虫。独角仙只会出现在夜晚，白天是看不见的。

争强好斗

独角仙经常为了争抢食物而进行打斗。它们会利用自己的角把对方弄翻，或者用前额的突起物把对方抓住，斗争激烈时甚至会把对手的前肢弄破。在打斗中获胜的雄性独角仙便可以与雌性独角仙在一起。

自带"武器"

头上的角是雄性独角仙所特有的武器，雌性是不长角的。原本雄性的个头不小，而头上的这个武器让它看起来更大了。

小档案

别称：双兜虫、双叉犀金龟
科名：金龟总科
特征：身体有深红色、红棕色和纯黑色的，背部光滑或带有些许绒毛，腹部被绒毛覆盖
分布：日本、泰国、中国东部等
食物：熟透的水果、树木伤口流出的汁液

扑火自尽的蛾

与色彩斑斓的蝴蝶相比较,蛾类颜色就暗淡了许多,只有少数种类的蛾是颜色鲜明的。蛾类也有很多种,但大部分都是农业害虫。

小档案

别称:飞蛾

目名:鳞翅目

特征:球形或半球形的头,多节的触角有棒状、丝状、栉齿状等多种形状

分布:全世界

食物:树汁、叶子、花蜜

夜间能"视"物

在深夜时，蛾便会出来活动。蛾类的视觉不佳，但在伸手不见五指的夜晚，它们可以凭借敏锐的听觉与嗅觉找到前进的方向，顺利到达终点。

适应能力强

蛾类有着非常强的适应能力，它们可以在各种环境中生存。有句俗语是"飞蛾扑火，自取灭亡"，我们有时会看到飞蛾扑向火源或者灯光，其实这并不是它们无所畏惧的表现，仅仅是因为它们有着趋光的本能。

自我保护的蛾卵

蛾卵的颜色主要分为绿、黄、白。多数"平躺"在依附物上，呈椭圆形，或是扁扁的；而"直立"在依附物上的，则是球形，或看起来像瓶子、圆锥等。

一般蛾类会将自己的卵分布在植物上或者直接产在土壤之中。植物和土壤里会为蛾卵提供赖以生存的营养物质。也有一些蛾是将卵产在树叶上，蛾卵会让树叶卷起来保护自己。

勤劳的蜜蜂

蜜蜂一般被分为三个工种:只产卵的蜂王、只负责交配的雄蜂,以及完成蜂群内其他全部工作的工蜂。

科名:蜜蜂科
特征:头、胸宽度相当,腰部很细,触角呈膝状,
　　复眼呈椭圆形,身上有黑褐色或黄褐色
　　的毛
分布:全世界
食物:花粉和花蜜

跳舞传递信息

　　蜜蜂之间交流信息主要靠跳舞完成,如摆尾舞与圆舞。负责侦察工作的蜜蜂是跳舞的主角,跳舞的地点通常是蜂巢中的巢脾。这些舞者会视蜜源方向不同而选取不同的舞种,蜜源的距离也会影响舞种的选定。

浑身是宝

　　蜜蜂主要以植物的花粉和花蜜作为粮食,依靠脚或肚子上的长毛来采集花蜜。其建筑巢穴的本领非常高,建出来的蜂巢既好看又安全牢固。蜜蜂是最勤劳且最忙碌的昆虫了。
　　蜜蜂酿造出来的蜂蜜营养价值非常高,蜂王浆甚至已经成为高级营养品;蜂毒有一定的药用价值;蜂胶则是轻工业的重要原料。

一夜变老的蜉蝣

蜉蝣成虫虽然寿命很短,但是幼虫期却很长。幼虫生活在水中,长大后便不再吃东西,只活几个小时或者几天。蜉蝣也是最原始的带有翅膀的昆虫,它的体型结构也很古老。

不同的幼虫

长大后的蜉蝣形态类似蜻蜓,不过幼虫却有两种形态,分别是扁平型和鱼型。

扁平型以扁蜉科幼虫为主,体型很宽,长在胸部的脚也是宽扁形的,它们只能前后运动。一般情况下,扁平型的幼虫游泳能力很弱甚至不会游。

鱼型一般以短丝蜉科、等蜉科和少部分的四节蜉科为主,体型与扁平型相反。鱼型幼虫的脚较长,身体是流线型,因此游泳速度很快,游泳时仿佛是一条鱼。

生长缓慢

蜉蝣一般会把卵产在水中,幼虫还没有长出气管鳃的时候,是依靠自己的皮肤来吸取水中的氧气进食。第一次蜕皮后,身体便会长出气管鳃,幼虫便可以正常进食游泳。然而蜉蝣的幼虫期非常长,一般是几个月到 1 年甚至 1 年以上的时间,期间它们会有 20—24 次蜕皮,有的幼虫甚至高达 40 次蜕皮。长大后会浮到水面,经过 24 小时后,会蜕皮成为成虫。

目名:蜉蝣目
特征:细长的身体十分柔软,短短的触角,发达的复眼和前翅,中胸较大,已经退化的后翅,有一对长尾须在腹部末端
分布:全世界
食物:动物碎屑、滤食植物

色彩艳丽的蝴蝶

蝴蝶有着非常多的种类，人们非常喜欢观赏它们。全世界大概有14000种蝴蝶，在中国大概有1300多种，其中大部分分布在云南、海南和台湾等地。

◣ 自带"雨衣"

蝴蝶分为白天活动和夜晚活动两大类。白天活动的蝴蝶触须光滑，尾部像棒球棒；而夜晚活动的蝴蝶则有长满绒毛的身体，用来抵御寒冷。蝴蝶翅膀上全是细小的鳞片，不仅能够组成美丽的图案，还有着类似雨衣的作用，因为这些鳞片中有丰富的脂肪，遇到水也不会被打湿。

其实蝴蝶绚丽的颜色也有迷惑敌人的作用，用来伪装自己，甚至可以隐藏自己，让敌人难以发现。

◣ 自我保护

蝴蝶有非常多的自我保护行为，例如有些蝴蝶被捉住会散发出臭味，有些在受到惊吓时甚至可以摆出类似眼镜蛇攻击前的姿态。有一种叫"猫头鹰蝶"的蝴蝶，翅膀上有着眼状斑纹，这是模仿猫头鹰的脸来恐吓敌人。

小档案

别称：胡蝶、蝶、浮蝶儿、蛱蝶
亚目：锤角亚目
特征：身体分为三部分，头部有一对端部加粗的触角，呈锤状，有两对宽大的翅膀，停歇时翅膀会竖立在背上，有三对足
分布：除南极洲外大部分区域
食物：寄主植物、花蜜

因为蝗虫需要较高的体温来维持生理机能的正常运转,所以必须要成群生活。群居的蝗虫每只都紧挨着,呈互相拥挤的状态。这样做可以维持体内需要的温度,也不容易散失热量,还可以在这种紧紧相依的环境中补充热量,增加自己的体温,加强生理的活动。

成群结队的蝗虫

大多数蝗虫过冬时还是虫卵,它们躲在卵囊中,卵囊又埋在土壤中。只有少数品种过冬时已经是成虫了,例如短脚斑腿蝗、日本黄脊蝗等。

小档案

别称:草蜢、蚱蜢、蚂蚱

亚目:蝗亚目

特征:身体颜色主要有两种,黄褐色和绿色,但不同的生活环境会使颜色有差别,面部呈垂直状,有淡黄色的触角

分布:除南极洲以外的大部分地区

食物:植物叶片、花蕾

生活习性

　　蝗虫和幼虫都是昼出夜伏的，但是却不像飞蛾那样有趋光性。当飞蝗数目太多、密度很大的时候，会加剧群体活动，向一个方向跳跃迁徙。蝗虫产卵的周期很长，大概需要 10—30 天。蝗虫需要经过多次交配，分批产卵，雌虫会把卵产在土里。

虽然金龟子有着好看的外表，但它们却也有着极强的破坏性。金龟子会繁殖出大量的幼虫，这些幼虫会对农作物产生很大的破坏性。金龟子的幼虫一般是乳白色的，后背颜色则稍微有些暗，会有条纹，尾巴上有很多像刺一般的毛。幼虫们大多生活在土壤中。

"破坏大王"金龟子

金龟子的外壳光滑漂亮，在阳光的照射下，有的甚至散发出闪闪的光泽，因此而得名。

胆小怕死

金龟子在受到惊吓或者遇到危险的时候，会马上掉落在地上装死。此时就算有人用手去戳它，它也会继续装死。

小档案

科名：金龟子科

特征：雄性比雌性个体大，体表有光滑坚硬的壳，而且带有金属光泽，前面的翅膀很坚硬，后面的翅膀具有膜质

分布：全世界

食物：腐败有机物、粪便、植物根茎叶

"光源"叩头虫

有一部分叩头虫会发光，和萤火虫类似，只是其光的颜色不像萤火虫那样单一，它们可以发出红色或者绿色的光，而且非常亮。

小档案

别称：钢丝虫、铁丝虫、金针虫、跳百丈、打铁虫
科名：叩甲科
特征：细长扁平的身体大约长 1.8 厘米，体色为有光泽的浓栗色，被金黄色的短毛覆盖
分布：全世界大部分地区
食物：作物的根、茎、种子

身体"坚硬"

叩头虫的幼虫因为身体很硬，被叫作铁丝虫、钢丝虫；因为样子与普通的肉虫相似，也被称为金针虫。幼虫以植物的叶子和根茎为食，成虫后大部分也吃植物。叩头虫是一种会对农作物产生严重危害的害虫。

独特的逃生方式

叩头虫逃离危险的方式十分独特——它将腿紧贴躯体，仰躺在地，接着将身体弹至空中，再溜之大吉。

其身上有横向缝隙，位于鞘翅根部和前胸背板间，前胸腹板的楔形往后插进这条缝隙中，于是便组成了可以弹跳的构造。

"建造大师"马蜂

马蜂分布十分广泛，它们有很多种类，飞翔速度都很快。

小档案

别称：胡蜂、蚂蚁蜂、鬼头晕、红纸包腰
科名：胡蜂科
特征：身体有黑黄棕三种颜色，少数为单一色，有短绒毛，较长的足，发达的翅膀
分布：温带及热带地区
食物：小虫、蜜源性食物

肚子里有毒针

马蜂的肚子中长着一个刺针,这根针连着毒腺,蜇人的时候会把毒液注射进人体内,所以当人被蜇了的时候会产生疼痛的感觉。这根毒针是由产卵器变成的,而产卵器只有雌蜂才拥有,雄蜂没有,因此能够蜇人的也只有雌蜂。

建筑工人

马蜂是有社会性行为的昆虫,雌蜂会建筑泥巢或者找到合适的竹管在其中产卵,同时也会藏起之前抓到的其他昆虫幼患或者蜘蛛。一个房间一个卵,分别封口。孵化出来的幼虫会以之前藏起来的幼虫作为食物。羽化成蜂之后会咬破巢口飞出去。

智慧担当的蚂蚁

蚂蚁是三大社会昆虫之一,它的抗自然灾害能力在世界上也是数一数二的,拥有非常强的生命力。

分工明确

蚂蚁是集群昆虫,群体的组织性和纪律性都是极强的,它们等级森严,分工明确。蚁后专职产卵,和蚁后交配是雄蚁的责任;工蚁则需要负责建造巢穴,照顾蚁后、卵、幼虫等事情;兵蚁要保护蚁群。而我们通常看见的在外工作的都是工蚁,它们是雌蚁,但无法生殖。

小档案

科名:蚁科
特征:身体大多为褐色、红色、黄色、黑色,躯体
    不一定都平滑,有些有毛刺、刻纹和瘤突
分布:全世界
食物:种子、果实、昆虫、小动物

豪华别墅——蚁穴

蚂蚁是建筑专家,它们的巢穴是昆虫界的别墅,规模宏大,还具有排水和通风的功能。冬暖夏凉还很耐用,外面的道路也建设得四通八达,巢穴内不仅舒适还很安全。

大力士

蚂蚁举起的物体最重可以比它的体重重 100 倍,蚂蚁的脚中含有一种很复杂的磷化合物,这种化合物算是一种很强的"燃料",可以为蚂蚁的肌肉提供强大的能量,提高了肌肉的工作效率,同时也产生了非常大的动力。

埋葬虫不会灵活地行动,天敌很轻易就能抓住它们。但是由于它们的生存环境多在腐臭的动物尸体中,因此当它们受到攻击的时候,尾部会排出浓烈恶心且散发着尸臭味的粪液,并以此让敌人退却。

傻瓜埋葬虫

埋葬虫靠吃动物死尸为生,同时它们也会把后代产在尸体附近,再将其养育成熟,属于典型的腐肉类。

身体柔软

埋葬虫平均长1.2厘米,最长的大概有3.5厘米。它们的外表颜色迥异,有黑色、橙色、黄色、红色等。身体有扁平状也有圆筒状,但身体都很柔软,可以在动物的尸体下面爬行。

"分尸者"埋葬虫

百分之九十的埋葬虫会把死亡的尸体甚至是腐肉吃掉,接着它们会被埋葬虫转换成为新的物质,再次进入生态系统循环,这也有净化大自然的作用。埋葬虫会在动物尸体下面产卵,孵化后,幼虫前几天是靠父母扫出来的褐色液体作为食物。埋葬虫住的巢穴也不相同,有些住在类似蜂巢一样的地方,另一些则住在洞穴中,以蝙蝠的粪便作为食物。

别称:锤甲虫、葬甲
科名:埋葬虫科
特征:短短的翅鞘,触角末端膨大,为棍棒状,腹部末端大多数显露在外
分布:全世界
食物:动物的死尸

耐热的牛虻

大自然当中有着各种各样的环境,极为复杂,但是最受虻类欢迎的环境,应当是温暖的水边,它们常聚集于此,因为这是它们生儿育女的理想环境。

"短小精悍"的牛虻

牛虻的头部很大,呈半球形。它的复眼也很大,触角长短不一,但都是向前伸出去的样子。胸部较大,长毛,多数牛虻翅膀不小,透明。有 2 个亚缘室,5 个后室。在东北林区也被称为"瞎虻"或是"瞎碰"。

小档案

别称:牛苍蝇、牛蚊子、瞎碰、瞎忙、瞎蚂蜂

科名:虻科

特征:半球形或略带三角形的头,很大的复眼,胸有毛,经常有红绿或其他金属色闪光

分布:全世界

食物:花蜜、血液

🔖 觅食习惯

牛虻一般在白天活动,尤其喜欢选择在中午的时候外出觅食。虽然牛虻也吃花蜜,但一般牛虻最喜爱的还是血液。尤其是雌虫,它们有着很强的螯刺能力,能够刺穿像牛马这样的厚皮动物。雌性牛虻一般只需数分钟便可以在肚子内充满血液。

🔖 喜欢水中生活

牛虻最喜欢在靠近水边的地方产卵,例如水田、沼泽 等地。一般牛虻会把卵产在水中的禾本科等植物的叶子上面,幼虫孵化后便直接掉进水中,之后便在水里生活,一直到化成蛹的时候才会游到岸边。

亦正亦邪的瓢虫

瓢虫种类繁多,花园里似乎每时每刻都能看见它们的身影,瓢虫是人们比较喜欢的昆虫之一。

让蚜虫"窒息"的瓢虫

瓢虫拥有非常鲜艳的颜色,一般背部都有黑色、黄色或者红色的斑点,这些斑点的数目也代表着它们的种类。当然它们的外表还有保护自己的功能,用来提醒敌人它们不好吃。

瓢虫背上的斑点是不一样的,部分瓢虫背上一个斑点都没有。如果一只瓢虫背上有 11 个或 28 个斑点,那么它就是害虫;如果它背上有 2、6、7、12、13 个斑点,那么就是益虫。有益的瓢虫无论是幼虫还是成虫,都会吃掉蚜虫,因此受到人们的喜欢。

飞行能力强

瓢虫的体型看起来圆滚滚,感觉很笨重的样子,但是它们的飞行能力却很强。在瓢虫看似笨重的坚硬外壳下面,有一双虽然小但是很精致的翅膀。每当瓢虫需要飞行时,便会在外壳下伸出翅膀,然后快速地挥动,便能飞得很快了。瓢虫也可以在水面上游泳,甚至可以潜入水底。当它们遇到危险的时候,会分泌出一种淡黄色的有着非常刺激的气味的无毒气体,以此恐吓对手。

小档案

别称:金龟子、红娘、臭龟子、金龟、花大姐

科名:瓢甲科

特征:圆形或短卵形的身体,高高拱起的背部,扁平的腹部

分布:全世界

食物:菊科、茄科、豆科、葫芦科、禾本科植物

"装死大王"七星瓢虫

别看七星瓢虫个头像粒黄豆似的，它保护自己的本事可大着呢，很多强劲的敌人都拿它没有办法。

漂亮的外表

大部分七星瓢虫的身体都是圆圆的,有着黑色的复眼和脑袋,在里面凹陷的地方长着小点点,是淡淡的黄色,头上长着褐色的触角。它们的背部微微隆起,黄色或红色的鞘翅十分鲜艳,7个黑色斑点分布在鞘翅两侧。翅膀根部有两块白色的地方,呈三角形。腹部和脚则都是黑色的。

装死逃生

别看七星瓢虫身体小,可是它保护自己的本事可不小。在它的三对脚关节上各有一个"秘密武器",很多敌人都会被这"秘密武器"发出的臭味液体吓跑。并且七星瓢虫还有装死的本领,当遇到强敌的时候,它就会从树上落下来,躺下装死,以此求生。

拒绝"混血儿"

瓢虫之间的界限很分明,益虫和害虫之间互不干扰,彼此毫无交流,也不会通婚。所以"混血儿"在瓢虫世界是不存在的,每种瓢虫就这么世世代代保持着自己的习性。

小档案

别称:新媳妇、金龟、花大姐
科名:瓢虫科
特征:半圆球形的身体,黑色的头,橘色的翅膀,短触角不太明显,脚长在翅膀底下
分布:欧洲、俄罗斯、中国、日本、朝鲜、印度地区
食物:桃蚜、麦蚜、槐蚜、棉蚜等

留下臭味的臭虫

臭虫通常都是栖息在室内的,栖息地都会留下许多棕褐色的粪便的印记。一般在墙壁、天花板、床架、帐顶四角都可能发现它们的踪迹,有时候还会在被褥、床席等缝隙中发现。

名字的来历

臭虫身上有一对能够分泌臭液的臭腺,这种液体的味道非常臭,臭虫只要爬过的地方都会留下难闻的味道,它们也因此得名。对臭虫来说,这臭液可是大有用处的,不仅能够防御天敌,还可以促进交配。

耐饥饿

臭虫和虱子同样都是吸食人血,但是不同的是,虱子寄生在人体,臭虫却是吃饱就离开了。由于臭虫的食物来源于人类,所以如果它们所在的环境里遇不到人类,那么就只能忍饥挨饿了。在温度低、湿度大的环境中,成年的臭虫可以六、七个月不吃东西,有些甚至可以超过一年;若虫的话,可以两个多月不吃东西。

活动规律

臭虫一般都是晚上出来活动,因为它们怕光,但是偶尔也会白天出来吸血。臭虫的爬行速度很快,每分钟可以爬行 1—1.25 米。在吸血时,只要人体稍微动一下,它们就会停止吸血,马上爬走隐藏起来。臭虫通常是群居的,会跟随衣服、行李等散布到各个地方。

小档案

别称：目虱、木蚤、壁虱、床虱
科名：臭虫科
特征：椭圆形的身体是红棕色的，呈扁平状，体长 4—5 毫米，宽大概 3 毫米，厚约为 0.5 毫米
分布：全世界
食物：人类的血液

爱好滚粪球

大家对蜣螂最大的印象可能就是它们两两结对一前一后滚动粪球的情景。其实这时候它们不一定是在运送食物。梨形的粪球还有可能是它们的"婴儿房"。繁殖期,雌性蜣螂会把卵产在粪球里,然后将其埋入土中。小蜣螂几日后便会破土而出。

滚粪球的蜣螂

蜣螂是屎壳郎的学名,它经常和粪球一起出现,有着黑褐色盔甲的屎壳郎也被称作自然界的清洁工。

小档案

别称:圣甲虫、屎壳郎
科名:金龟甲科
特征:圆形的身体,短短的鞘翅,露出腹部末端,体色深且具有金属光泽,雄虫有触角
分布:除南极洲以外的区域
食物:动物粪便

◤ 口味独特

　　世界上大概有 2 万多种蜣螂，除了南极洲以外，每个地方都有它的身影。其中最为著名的蜣螂在埃及，长 1—2.5 厘米。世界上最大的蜣螂长达 10 厘米。

　　蜣螂有很独特的口味，它喜欢臭臭的粪便。因为它们会吃掉动物的粪便或者掩埋掉，也被称为"自然界的清道夫"，它们这样做，对土壤有着很积极的作用。

勇士锹甲虫

雄性锹甲虫会有一对大"角"长在脑袋上，因而又被称为"锹形甲"。

小档案

别称：锹形甲虫、锹行甲、锹形虫

科名：锹甲科

特征：个体一般较大，身体呈卵圆形或长椭圆形，扁圆的腹部和背部，最小的体长 7 毫米，最大的可达 12.9 厘米

分布：亚洲

食物：汁液、蜜、朽木

48

独自安家的幼虫

腐烂的树根或木头是雌性锹甲虫产卵的理想地点，孵出来的幼虫则会食用腐朽的木屑。幼虫把自己食用过的木纤维建设成一个小空间，自己在里面化蛹。化蛹过程一般需要 3 年时间，最后蛹分裂，年幼的锹甲虫诞生。

锹甲虫如何自卫

雄性锹甲虫依靠头上的一对"大角"来自卫，这对"角"其实是它的颚，不过看起来像角。当有入侵者侵犯了它们的领土时，双方便会开始厮打。赢了的那方会用自己的"大角"夹住对方，把败方狠狠地摔在地上。

如果锹甲虫没有得到足够的营养，那么"大角"就没有办法生长。也有很多没有"大角"的锹甲虫，这是因为食物不足造成的，它们的生存也会更加地艰苦。

捕虫高手蜻蜓

蜻蜓很喜欢吃蚊子等害虫，因此它是典型的益虫，受到人们的喜欢。

飞行高手

蜻蜓的肚子长且细，头颈非常灵巧，很适合飞行。蜻蜓每秒可以飞行 10 米，甚至有时还可以后退飞行。它在水上飞行时不可以休息，否则就会被鱼吃掉，它可以不停歇地飞行 1 小时。

捕虫高手

蜻蜓有着非常多的眼睛，这些眼又分成难以计数的"小眼"。"小眼"连接着感光细胞与神经，具备视觉功能。蜻蜓拥有令人艳羡的视力，它们甚至可以不用转头 360 度看东西。蜻蜓的飞行速度也很快，只要一发现食物出现，便会迅速地捕获食物。有的蜻蜓甚至可以捕捉比自己大几倍的蝴蝶和蛾类，这也是它们成为捕虫高手的原因。

蜻蜓点水

人们经常会看到蜻蜓用尾部碰触水面，这种现象也称之为"蜻蜓点水"。这是因为蜻蜓的卵在水中才可以孵化，并且幼虫也只能在水中生活。所以，蜻蜓点水其实是雌蜻蜓在产卵。

别称：蚂螂、诸乘、负劳、点灯儿、纱羊、丁丁
目名：蜻蜓目
特征：有又长又窄的翅膀，具有膜质，翅脉呈网状，清晰可见，视力极好，有三个单眼
分布：全世界
食物：蚊、蜂、蝶、蝇、蛾

"高处不胜寒"的蛣蠊

蛣蠊目的外形十分原始,是非常古老的昆虫,堪称"活化石",它们的起源可以追溯到 3 亿年前。

小档案

科名:蛣蠊科

特征:扁扁的头,没有翅膀,已经退化的复眼,没有单眼,丝状的触角,前口式头部,口器为咀嚼式,有发达的上唇和大颚

分布:北纬 33—60 度寒冷地区

食物:土中的植物根及一些有机质、植物柄部或幼嫩枝梢的营养

体型娇小

蚤蝼一般是扁长形，长 1.5—3 厘米。没有翅膀，复眼已经退化，有着丝状的触角。蚤蝼生活在高山上或者是冰川附近，只有夜间出来活动，这是因为它们只能在低温环境中生活。雌性蚤蝼羽化一年以后才会成熟，一般会在土壤内或者苔藓上产卵，大约需要 5—7 年才能完成一代轮回。

漫长的幼虫期

未孵化的蚤蝼幼虫会在树枝上过冬。在树枝上的卵到了次年才会开始孵化。幼虫随着枯枝一起掉在地上，然后马上进入土里。在土里生活的幼虫会以土壤中的植物根茎或者一些有机质为食物，经过数年，幼虫才会完成整个幼虫期。

成熟的幼虫会在傍晚的时候从土中爬出来，凭借着本能爬到幼嫩的树枝上或者植物的茎秆部分，并以此为食物。

专吃昆虫的食蚜蝇

初春时，食蚜蝇会发育成熟，春夏之交是它们最繁盛的时期。它们喜欢阳光，有香味的植物上以及花草丛间经常可以看见它们。

昆虫天敌

食蚜蝇是很常见的昆虫天敌，幼虫很善于捕捉蚜虫。但也有一些种类的食蚜蝇不吃蚜虫，而以植物为食。禽畜的粪便、植物组织或者腐坏的植物是它们的主食。而对于食肉食蚜蝇而言，鳞翅目、叶蜂的幼虫还有蚜虫都是美食，有些甚至以其他食蚜蝇的幼虫为食物。

小档案

科名：食蚜蝇科
特征：看起来像蜂，身体有纤细也有宽大，为单一暗色，或具有橙、黄、灰白等颜色的斑纹，有些种类具有蓝、铜、绿等金属色彩
分布：东南亚、朝鲜、日本、中国、俄罗斯
食物：蚜虫、已死的幼虫和蛹、腐败的动植物

食蚜蝇为什么像蜂

食蚜蝇的肚子上有斑纹,通常为黑色或黄色,很像长着刺的蜂类,这样可以自卫。这种现象叫作"拟态"。

虽然食蚜蝇像蜂,但还是可以发现它与蜂的不同。食蚜蝇只有一对翅膀,而蜂则是有两对;食蚜蝇的触角与蜂类的相比较短;蜂类因为要收集花粉,所以它们的后足较为宽阔,而食蚜蝇的则很纤细;食蚜蝇在飞行的时候,可以悬空定在空中某一点,然后突然飞到另外的地点,而蜂类在飞行的时候会左右微微摆动。

杀害亲夫的螳螂

螳螂一般是绿色或者褐色的,身体颀长,经常出没在植物丛中,以捕杀害虫为食物,是一种益虫。

小档案

别称:大刀螂、刀螂、祷告虫

目名:螳螂目

特征:扇形的头部很小,大而透亮的复眼十分突出,主要为黄绿色,在灯下则为黑色

分布:除极地外的其他地区

食物:小型昆虫

饮食习性

螳螂的食物来源非常多,天上飞的、地上跑的、水中游的,只要比螳螂小的昆虫,螳螂都会吃掉它们。但是螳螂只吃活虫,依靠自己前足的两把"大刀"捕捉猎物。它们经常在农田或者林区活动捕食。

螳螂还拥有拟态的能力,可以让自己摆成叶子、树枝、蚂蚁或者鲜花等形状,这样不仅可以躲过敌人,还可以在捕捉食物时不容易被发觉。

异常凶悍

螳螂非常凶猛,小螳螂也非常凶。一般螳螂大约一次会产卵200粒,孵出小螳螂后,有类似成虫的刀状前肢。它们会利用自己的小刀挥向同类,场面非常惨烈。

可怕的"夫妇"

雌性螳螂在产卵时会吃掉自己的丈夫,吃到仅仅留下翅膀才会停止。有些专家认为雌螳螂在产卵时需要很多的营养,而雄性螳螂可以作为食物补充营养。也有专家认为螳螂在受到惊吓时可能会做出反常的行为。

力拔山兮的天牛

天牛种类繁多，约有2万余种。它们触角的长度甚至比身体还长。

独自生长

天牛产卵有两种方法。一是雌虫把树皮咬开，在树中产卵，每孔一卵，也有小部分天牛产多粒卵的。另外一种方式是雌虫直接把产卵管插进树皮的缝隙之中产卵。

会飞的大力士

因为天牛的力气很大，又善于飞翔，因此被叫作天牛。不过因为它会发出"咔嚓咔嚓"类似锯树的声音，也被称作为"锯树郎"。

如果你能抓住天牛，那你很有可能听见它"嘎吱嘎吱"地响。把线拴在其腿部，天牛就会"嘤嘤嘤"地飞。还可以让天牛比赛叫声、比赛跑步等。

害树精

天牛的幼虫主要以树干和树枝作为食物，会影响树木的生长，大风天气时，树被吹断的风险也会增加。更严重地会引起树木死亡，失去了工艺价值。

别称：苦龙牛、牛角虫、八角儿、锯树郎、花妞子
科名：天牛科
特征：长圆筒形的身体，稍扁平的背，额的突起上长有触角，且能够自由转动或向后覆盖在虫的背部
分布：全世界
食物：树汁、树皮、嫩叶、嫩枝、花粉、果实、菌类

"吸血鬼"跳蚤

跳蚤的卵光滑,无法粘在羊身上,因此羊活动的周围都能找到跳蚤的卵。

"无腿"的幼虫

跳蚤幼虫的颜色是白色或者乳黄色的,身体呈透明状,可以自由生活,但是没有腿。幼虫怕光怕干燥,因此跳蚤很适宜在温暖潮湿的羊舍内发育。一般幼虫会经过3次蜕皮,然后长大进入蛹期。

化茧成蛹

幼虫会自己制作一个半透明的茧把自己包住,在茧的外面一般会粘一些砂粒或者有机物的渣滓。幼虫在茧内蜕最后一次皮,在此期间不吃不动,一定时期后便会破茧而出。

跳远大王

跳蚤长大后是跳跃行动,都能找到宿主,并以宿主的血液作为粮食。环境适宜的话,跳蚤可以活 1 年以上,有的甚至可以活 2 年。跳蚤吸血的时候会排出黑粒一样的便便,但碰到水之后就会溶解,溶解后变成血色。

小档案

别称:革子
目名:蚤目
特征:有粗短的触角,锐利的口器适于吸吮,宽大的腹部有 9 节,粗壮的后肢十分发达
分布:南方热带地区
食物:血液

"不胜其烦"的蚊子

蚊子经常会让人们难以入睡，虽然它的体型很小，但是对人们的影响很大。蚊子也会传染疾病，让人非常讨厌。

种类繁多

全世界大概有几千种的蚊子，一般分为三类：身上有黑白花纹的"花蚊子"，是伊蚊；另一种肚子会微微的隆起，叫作"暗蚊"；第三种蚊子常在人类活动场所居住，被称为"库蚊"。

对环境敏感

雌性蚊子在繁殖时，必须食用血液加快卵的成熟，所以叮人的不是雄性而是雌性。经常出汗却不洗澡的人十分招蚊子，这是因为温度、湿度、汗液都能够引起蚊子的注意。蚊子的唾液会让血液不断流出，这都是其唾液中一种特殊物质在发挥舒张血管的作用，同时这种物质也会阻止血液凝结，也会让皮肤变得红肿。蚊子吸血还会导致疾病传播。

"饱经历练"的一生

水面是蚊子产卵的地方，蚊子的幼虫叫作孑孓，卵孵化成孑孓只需要一两天时间；孑孓经历4次蜕变之后，便会成为蛹，蛹会随着水漂流，两三天后，蛹的皮肤便会裂开，小蚁子就诞生了。但是它们的生命却非常短，雌蚁能活3—100天，而雄蚁只能活10—20天。

生性好斗的蟋蟀

全世界大概有 2400 种蟋蟀,蟋蟀也被称为"蛐蛐儿"。在某些地方,人们很喜欢"斗蟋蟀"这项娱乐活动。两只雄性蟋蟀相遇,定会争得你死我活。

◣ 警觉性高

在蟋蟀的前脚上有一个听觉器,这是蟋蟀重要的侦查工具。蟋蟀一般在夜晚出来觅食,在敌人将要捕捉它时,听觉器便会发出警报,蟋蟀就会突然跳起来逃跑。

🖊 歌声的含义

蟋蟀发声的位置并不是它的嗓子，在蟋蟀振动翅膀的时候，翅膀上坚硬的部分便会用力地相互摩擦，并产生洪亮的声音。蟋蟀的声音，不同音调、不同频率表达的意思也不同。当它发出响亮且长节奏的声音时，是在警告同性同时也在招呼异性；当它发出急促的叫声时就是在提醒同伴有敌方侵入。

小档案

别称：促织、蛐蛐儿、将军虫、斗鸡、地喇叭、秋虫
科名：蟋蟀科
特征：圆圆的头，宽大的胸，细长的触角，咀嚼式口器，部分有发达的大颚，善于咬斗
分布：全世界
食物：树苗、农作物、菜果等

🖊 比武招亲

如果雄性蟋蟀想要得到雌性的喜爱，就要依靠战斗能力。哪只雄性蟋蟀最为勇猛，能打败其他雄性，便会得到雌性的喜爱。

"精致"的小蜂

寄生性小蜂一生经历从寄生卵到蛹几个阶段，并且寄主的范围也很广，除了昆虫以外，蜘蛛纲的某些种类也被小蜂作为寄主。

小蜂普遍体型很小，一般长1—5毫米，最小的仅有0.2毫米，翅膀已经退化。其背片与颈部之间有一道锋锐的横脊，横脊长在前胸的背板上。

66

总科：小蜂总科

特征：不同种类的小蜂拥有不同的前胸背板和胸腹侧片，形状并不固定

分布：全世界

食物：花蜜、动物伤口流出的液体

亦正亦邪

大多数的小蜂是益虫，但也有一小部分是益虫的天敌，更有甚者，有的小蜂会把植物和药材种子作为食物，它们会给森林带来危害。而无花果小蜂科则是给无花果传粉的唯一昆虫。

种类繁多

小蜂科的类型比较多，既有植物性的，也有寄生性的。比如长尾小蜂科、广肩小蜂科和少数金小蜂科是二者兼有，而无花果小蜂属于完全植食性，其余多为寄生性。

🔸 不需要爸爸

雌蚜虫能够自行产卵，无须交配。雌性蚜虫直接生出小蚜虫，所以蚜虫也被称为"孤雌卵胎生"。

🔸 繁殖周期短

蚜虫刚出生不久就可以吸食叶汁了，并且只要环境合适，它们的繁殖速度也会变快，一般只要 5 天左右就可以繁殖了。生出的小蚜虫和母亲都聚集在植物的根茎与叶子上，基本上都是一大家子。

🔸 保护机制

有一部分蚜虫会和植物组织起作用，让植物形成瘿（一种变异植物组织增生），然后蚜虫便可以生活在其中，利用瘿保护自己。这些能够让植物变异的蚜虫中，有些会异化出防御能力，这些异化的蚜虫担任着保护瘿的工作。

没有爸爸的蚜虫

蚜虫是繁殖最快的昆虫，其破坏力是世界上最强的，约有 250 种蚜虫会对园艺和农林带来极为严重的危害。

小档案

别称：蜜虫、腻虫

科名：球蚜总科和蚜总科

特征：一般体长 2 毫米左右，大多数为圆圈形，椭圆形的十分稀少，大部分都是 6 节触角，少数为 5 节，也有极为罕见 4 节的

分布：两极以外的其他地区

食物：植物汁液

别称：火焰虫
科名：萤科
特征：发达的前胸背板盖住了小小的头部，半圆球形的眼睛，雄性的眼睛比雌性更大
分布：南极洲以外的地区
食物：蜗牛、蛞蝓等软体动物，蚯蚓等环节动物

有灯笼的萤火虫

萤火虫从卵到成虫，每个阶段都会发光。幼虫通过发光来把敌人吓跑以保护自己，成虫发光可以吸引异性或诱捕。

发光的秘密

在萤火虫肚子的尾部有内含"荧光素"的发光细胞。荧光素会随着萤火虫呼吸而接触氧气，发出的光便一闪一闪。一般萤火虫是为了求偶和恐吓敌人才发光的。

"一闪一闪"的卵

一般萤火虫居住在潮湿阴暗的草丛中。大概在每年的 6 月，萤火虫成虫便会出现，交配后，雌虫会在靠近水边的腐草丛产卵，为淡黄色的小粒。在夜间可以看到卵在不断地发光，然后卵慢慢变黑，一个月后，孵化出灰色的幼虫。

蜗牛克星

幼虫以伤害农作物的蜗牛为食物。萤火虫有着像注射器一样的颚，往蜗牛体内注射毒汁，会让蜗牛中毒麻醉，无法逃走。这时候幼虫会吐出一种消化酶，把蜗牛分解成液体，然后用管状的口器吃掉蜗牛。

生活史长的蝼蛄

我国大陆主要分布着台湾蝼蛄、华北蝼蛄、河南蝼蛄、东方蝼蛄、金秀蝼蛄这5种蝼蛄。

小档案

别称：天蝼、拉拉蛄、土狗、地拉蛄

科名：蝼蛄科

特征：头部和身体为茶褐色，前胸背板的中央部位凹陷下去，体色为暗红色，长有心脏形的斑

分布：中国

食物：藜科、十字花科、菊科等多个科的植物

复杂的活动阶段

东方蝼蛄和华北蝼蛄的一生很长。它们会藏在土壤中度过冬天，一般是幼虫或若虫的形态。华北蝼蛄完成一个世代需要 3 年时间，若虫共 13 龄；东方蝼蛄完成一个世代需要 1 年或 2 年，若虫6 龄。一年当中，蝼蛄的活动可以分为休眠越冬、春季醒来、迁移出动、危害猖狂、夏季产卵、秋天危害这 6 个阶段。

食量受温度影响

温度会影响蝼蛄采食。20℃以下，随着温度降低，蝼蛄的采食量逐渐减少，活动也会逐渐减少。5℃时，蝼蛄几乎不再活动。20—25℃是最有利于蝼蛄采食的。高于 25℃，蝼蛄的采食量又开始下降。

蟑螂不挑食，纸张、毛发、食物、衣服、木头、糨糊、皮革、电线等都是蟑螂的食物，只要是人们叫得上名字的物品都可能是它的食物，蟑螂几乎是无所不吃。

蟑螂也不挑剔住所，四处为家。厨房的角落、地板的小洞、下水道、橱柜的缝隙中都可能是它们的家。

"打不死"的蟑螂

蟑螂有着非常顽强的生命力，因此也被人们称作"小强"。在室内或者室外都经常能看到它们的身影，蟑螂也是人们最讨厌的昆虫之一。

生命力顽强

在几亿年前，蟑螂就已经在地球上生活了，它们甚至比恐龙出现得还要早。蟑螂的耐饥寒、耐渴、耐压能力也非常强，蟑螂甚至在没有了脑袋之后，仍然可以活几天。

小档案

别称：小强、黄嚓、黄婆娘、偷油婆
科名：蜚蠊科
特征：扁平的身体呈黑褐色，中等个子，小小的头，长丝状的触角，复眼发达
分布：亚热带和热带地区、室内外
食物：没有不吃的

不易被发现的竹节虫

竹节虫和枯树枝、枯竹子看起来一模一样，极难被发现，是名副其实的"易容"高手。

伪装高手

竹节虫是昼伏夜出的动物，白天只静静地待着，不会出去。因为竹节虫长得很像小树枝，所以经常会迷惑敌人，不会被轻易发现，只有在爬动的时候才会被发现。当竹节虫受到攻击时，突然闪动出的彩光会让敌人迷惑，然而彩光只是一闪而过，当竹节虫落地后它就会消失不见。

寿命很短

竹节虫一般在交配后将卵产在树枝上，幼虫要历时一两年才会孵化。但是也有一部分竹节虫可以不经过交配产卵，生下没有爸爸的后代。竹节虫属于不完全变态的昆虫，孵出来的幼虫和成虫长得很像。它们会在晚上爬到树上生长，经过几次蜕皮后，慢慢长大。不过竹节虫的寿命很短，一般是3—6个月。

体色随环境变化

一般竹节虫主要以绿色或者褐色为主，温度和光度的变化也会让竹节虫的体色随之变化。高温、暗光的时候，竹节虫颜色加深，相反颜色变浅。昼夜之间也有差异，体色变化有节奏性。

小档案

目名:竹节虫目

特征:身体大且长,前胸节比中胸节和后胸节短,这点在没有翅膀的种类中尤其明显

分布:热带、亚热带地区

食物:叶子

天敌:螳螂、蜘蛛、变色树蜥、蚂蚁、鼠类

能防治害虫的茧蜂

全世界已经知道的茧蜂种类大概为1万,但是据估算,实际存在的应该超过4万种。中国已经有记录的茧蜂大约为40种。

体型很小

茧蜂的体型相对较小,体长一般都不到10毫米,大多数都是3～7毫米。触角又细又长,腹部很短。许多种类的茧蜂第一段肘脉是完整的,但是第一肘室却与第一盘室是分开的。不过,茧蜂有极少数种类的翅脉已经几乎全部退化了。

寄生于害虫

大多数茧蜂都是寄生在害虫体内,能够控制害虫的数量,是一种益虫。不过,也有少数的茧蜂是寄生在益虫体内的,这样一来,它们就成了有害的茧蜂种类。

通常情况下,都是在寄主的幼虫期便寄生于它们体内,但也有例外的时候,寄生于蛹、成虫的都有,甚至跨期寄生,卵至幼虫、卵至蛹、幼虫至蛹。

小档案

科名:茧蜂科

特征:前翅只有一根回脉,腹部的第二、第三背板之间有缝隙,但是已经是愈合状态,不能自由活动

分布:全世界

食物:各自的寄主